甲辰龙年

SUN	MON	TUE	WED	THU	FRI	SAT
	1 元旦	2 廿一	3 廿二	4 廿三	5 廿四	6 小寒
7 廿六	8 廿七	9 廿八	10 廿九	11 腊月	12 初二	13 初三
14 初四	15 初五	16 初六	17 初七	18 初八	19 初九	20 大寒
21 十一	22 十二	23 十三	24 十四	25 十五	26 十六	27 十七
28 十八	29 十九	30 二十	31 廿一			

SUN	MON	TUE	WED	THU	FRI	SAT
				1 廿二	2 廿三	3 廿四
4 立春	5 廿六	6 廿七	7 廿八	8 廿九	9 除夕	10 春节
11 初二	12 初三	13 初四	14 初五	15 初六	16 初七	17 初八
18 初九	19 雨水	20 十一	21 十二	22 十三	23 十四	24 元宵节
25 十六	26 十七	27 十八	28 十九	29 二十		

SUN	MON	TUE	WED	THU	FRI	SAT
					1 廿一	2 廿二
3 廿三	4 廿四	5 惊蛰	6 廿六	7 廿七	8 妇女节	9 廿九
10 二月	11 初二	12 植树节	13 初四	14 初五	15 初六	16 初七
17 初八	18 初九	19 初十	20 春分	21 十二	22 十三	23 十四
24 十五	25 十六	26 十七	27 十八	28 十九	29 二十	30 廿一
31 廿二						

April 4月

SUN	MON	TUE	WED	THU	FRI	SAT
	1 廿三	2 廿四	3 廿五	4 清明	5 廿七	6 廿八
7 廿九	8 三十	9 三月	10 初二	11 初三	12 初四	13 初五
14 初六	15 初七	16 初八	17 初九	18 初十	19 谷雨	20 十二
21 十三	22 十四	23 十五	24 十六	25 十七	26 十八	27 十九
28 二十	29 廿一	30 廿二				

May 5月

SUN	MON	TUE	WED	THU	FRI	SAT
			1 劳动节	2 廿四	3 廿五	4 青年节
5 立夏	6 廿八	7 廿九	8 四月	9 初二	10 初三	11 初四
12 初五	13 初六	14 初七	15 初八	16 初九	17 初十	18 十一
19 十二	20 小满	21 十四	22 十五	23 十六	24 十七	25 十八
26 十九	27 二十	28 廿一	29 廿二	30 廿三	31 廿四	

June 6月

SUN	MON	TUE	WED	THU	FRI	SAT
						1 儿童节
2 廿六	3 廿七	4 廿八	5 芒种	6 五月	7 初二	8 初三
9 初四	10 端午节	11 初六	12 初七	13 初八	14 初九	15 初十
16 十一	17 十二	18 十三	19 十四	20 十五	21 夏至	22 十七
23 十八	24 十九	25 二十	26 廿一	27 廿二	28 廿三	29 廿四
30 廿五						

July 7月

SUN	MON	TUE	WED	THU	FRI	SAT
	1 建党节	2 廿七	3 廿八	4 廿九	5 三十	6 小暑
7 初二	8 初三	9 初四	10 初五	11 初六	12 初七	13 初八
14 初九	15 初十	16 十一	17 十二	18 十三	19 十四	20 十五
21 十六	22 大暑	23 十八	24 十九	25 二十	26 廿一	27 廿二
28 廿三	29 廿四	30 廿五	31 廿六			

August 8月

SUN	MON	TUE	WED	THU	FRI	SAT
				1 建军节	2 廿八	3 廿九
4 七月	5 初二	6 初三	7 立秋	8 初五	9 初六	10 七夕
11 初八	12 初九	13 初十	14 十一	15 十二	16 十三	17 十四
18 十五	19 十六	20 十七	21 十八	22 处暑	23 二十	24 廿一
25 廿二	26 廿三	27 廿四	28 廿五	29 廿六	30 廿七	31 廿八

September 9月

SUN	MON	TUE	WED	THU	FRI	SAT
1 廿九	2 三十	3 八月	4 初二	5 初三	6 初四	7 白露
8 初六	9 初七	10 教师节	11 初九	12 初十	13 十一	14 十二
15 十三	16 十四	17 中秋节	18 十六	19 十七	20 十八	21 十九
22 秋分	23 廿一	24 廿二	25 廿三	26 廿四	27 廿五	28 廿六
29 廿七	30 廿八					

October 10月

SUN	MON	TUE	WED	THU	FRI	SAT
		1 国庆节	2 三十	3 九月	4 初二	5 初三
6 初四	7 初五	8 寒露	9 初七	10 初八	11 重阳节	12 初十
13 十一	14 十二	15 十三	16 十四	17 十五	18 十六	19 十七
20 十八	21 十九	22 二十	23 霜降	24 廿二	25 廿三	26 廿四
27 廿五	28 廿六	29 廿七	30 廿八	31 廿九		

November 11月

SUN	MON	TUE	WED	THU	FRI	SAT
					1 十月	2 初二
3 初三	4 初四	5 初五	6 初六	7 立冬	8 初八	9 初九
10 初十	11 十一	12 十二	13 十三	14 十四	15 十五	16 十六
17 十七	18 十八	19 十九	20 二十	21 廿一	22 小雪	23 廿三
24 廿四	25 廿五	26 廿六	27 廿七	28 廿八	29 廿九	30 三十

December 12月

SUN	MON	TUE	WED	THU	FRI	SAT
1 十一月	2 初二	3 初三	4 初四	5 初五	6 大雪	7 初七
8 初八	9 初九	10 初十	11 十一	12 十二	13 十三	14 十四
15 十五	16 十六	17 十七	18 十八	19 十九	20 二十	21 冬至
22 廿二	23 廿三	24 廿四	25 圣诞节	26 廿六	27 廿七	28 廿八
29 廿九	30 三十	31 腊月				

农历甲辰年

2024 绿色小水电

国际小水电中心
中国水利水电出版社
编

中国水利水电出版社
www.waterpub.com.cn
·北京·

时序更替，万象更新。2024 年，是全面贯彻落实党的二十大精神的重要之年，也是全面实施“十四五”规划的攻坚之年，水利工作初心如磐，使命如炬。

作为清洁可再生能源，小水电在保障农村用电、助力乡村振兴、优化能源结构等方面发挥着重要作用。新发展阶段，“碳达峰、碳中和”目标纳入生态文明建设整体布局，《2030 年前碳达峰行动方案》将“推动小水电绿色发展”作为能源绿色低碳转型行动的工作内容。为落实中央有关要求，水利部印发了推进绿色小水电发展的指导意见，颁布了绿色小水电评价标准，启动了绿色小水电示范电站创建工作。

国际小水电中心会同有关单位，经过充分调研并借鉴国际经验，牵头制定了《绿色小水电评价标准》，在引导小水电站保护生态环境、惠及民生福祉、促进标准化管理等方面发挥了积极作用。目前已有千余座电站创建成为绿色小水电示范电站，成为行业绿色发展的引领者。这些示范电站犹如星光点点，闪耀在美丽中国大好河山之间。2021 年，绿色小水电示范电站被国家表彰办纳入全国创建示范活动保留项目。

为展示绿色小水电示范电站创建成效，中国水利水电出版传媒集团编印了《小水电管理和绿色发展实践》、《中国小水电可持续发展理论与实务研究》、《小水电建设项目经济评价规程》（SL/T 16—2019）、《绿色小水电评价标准》（SL/T 752—2020）等出版物，宣传贯彻习近平生态文明思想，总结绿色小水电建设成果和经验做法，助力水利高质量发展。

群山叠翠、碧波荡漾，牢记初心、激情满怀。新的一年，新的起点。水利人将坚持以习近平生态文明思想为指导，深入贯彻落实习近平总书记“节水优先、空间均衡、系统治理、两手发力”治水思路和关于治水重要讲话指示批示精神，心怀“国之大者”，整体推进示范创建工作，努力打造一批绿色小水电典型河流和示范区域，引领和带动流域、区域乃至全行业加快绿色转型，为复苏河湖生态环境作出积极贡献，为水利高质量发展和建设美丽中国贡献力量！

逐“绿”前行启征程，砥砺奋进谱新篇！让我们携手前行，为实现生态文明建设目标而努力，为子孙后代留下一片绿水青山的美好家园。祝愿祖国繁荣昌盛！祝愿大家在新的一年里健康、幸福、快乐！

国际小水电中心　　**中国水利水电出版传媒集团有限公司**

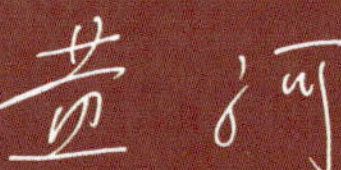

绿色小水电

小水电是国际公认的清洁可再生能源，在解决农村用电、助力脱贫攻坚、优化能源结构和促进地方经济社会发展等方面作出了重要贡献。作为能源绿色低碳转型行动的重要内容，小水电在绿色可持续发展中，还将发挥独特的储能调节作用，助力实现“双碳”目标。

我国小水电资源十分丰富，广泛分布在全国 1700 多个县（市、区），技术可开发量达 1.28 亿千瓦，居世界第一位。截至 2022 年年底，小水电站有 41000 多座，装机容量超过 8100 万千瓦，约占我国水电装机总量的 19%；全年发电 2360 亿千瓦时，约占我国水电总发电量的 17%，可替代 8425 万吨标准煤，减少二氧化碳排放 2.57 亿吨。

为实现小水电资源的可持续利用，在发展中保护生态环境，2016 年中央一号文件明确要求“发展绿色小水电”。水利部发布了《关于推进绿色小水电发展的指导意见》（水电［2016］441 号），制定了《绿色小水电评价标准》（SL 752—2017），于 2017 年启动了绿色小水电示范电站创建工作。2021 年 6 月，国家表彰办批准绿色小水电示范电站为全国创建示范活动保留项目。截至 2023 年年底，全国累计创建绿色小水电示范电站 1000 余座。

绿色小水电 2024

1 星期一 MON
二十

2 星期二 TUE
廿一

3 星期三 WED
廿二

4 星期四 THU
廿三

5 星期五 FRI
廿四

6 7 星期六 / 日 SAT / SUN
廿五 廿六

8 星期一 MON
廿七

9 星期二 TUE
廿八

10 星期三 WED
廿九

11 星期四 THU
十二月

12 星期五 FRI
初二

13 14 星期六 / 日 SAT / SUN
初三 初四

15 星期一 MON
初五

16 星期二 TUE
初六

17 星期三 WED
初七

18 星期四 THU
初八

19 星期五 FRI
初九

20 21 星期六 / 日 SAT / SUN
初十 十一
大寒

2024年 1月

22 十二 星期一 MON

23 十三 星期二 TUE

24 十四 星期三 WED

25 十五 星期四 THU

26 十六 星期五 FRI

27 十七 28 十八 星期六 / 日 SAT / SUN

29 十九 星期一 MON

30 二十 星期二 TUE

31 廿一 星期三 WED

湖南省孔雀滩水电站

江西省跃洲水电站

绿色小水电评价标准

《绿色小水电评价标准》（SL/T 752）于 2017 年 5 月发布，2020 年进行修订，明确除抽水蓄能电站和潮汐电站以外的总装机容量 50 兆瓦及以下，在生态环境友好、社会和谐、管理规范、经济合理方面具有示范性的已建小型水电站为绿色小水电站。该标准诠释了绿色小水电的内涵，规定了绿色小水电评价的基本条件、评价内容和评价方法，将指标体系分为评价类别、评价要素和评价指标 3 个层级，共涉及生态环境、社会、管理、经济 4 个评价类别，下设 14 个评价要素、21 个评价指标。

ICS 27.140
P 59

SL

中华人民共和国水利行业标准

SL/T 752—2020
替代 SL 752—2017

绿色小水电评价标准

Standard for evaluation of green small hydropower stations

2020-11-30 发布　　2021-02-28 实施

中华人民共和国水利部　发布

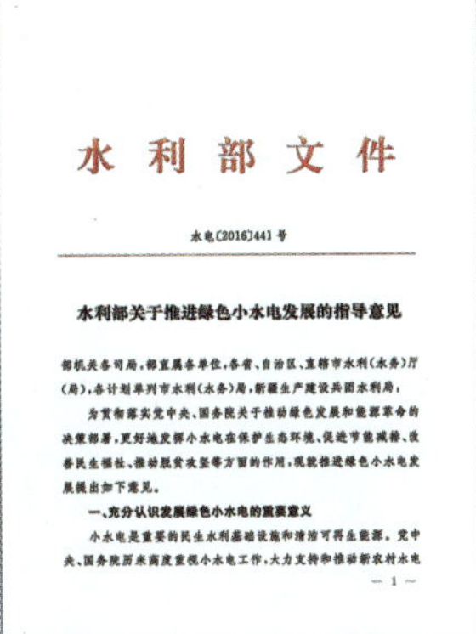

水利部文件

水电〔2016〕441 号

水利部关于推进绿色小水电发展的指导意见

部机关各司局，部直属各单位，各省、自治区、直辖市水利（水务）厅（局），各计划单列市水利（水务）局，新疆生产建设兵团水利局：

为贯彻落实党中央、国务院关于推动绿色发展和能源革命的决策部署，更好地发挥小水电在保护生态环境、促进节能减排、改善民生福祉、推动脱贫攻坚等方面的作用，现就推进绿色小水电发展提出如下意见。

一、充分认识发展绿色小水电的重要意义

小水电是重要的民生水利基础设施和清洁可再生能源。党中央、国务院历来高度重视小水电工作，大力支持和推动新农村水电

— 1 —

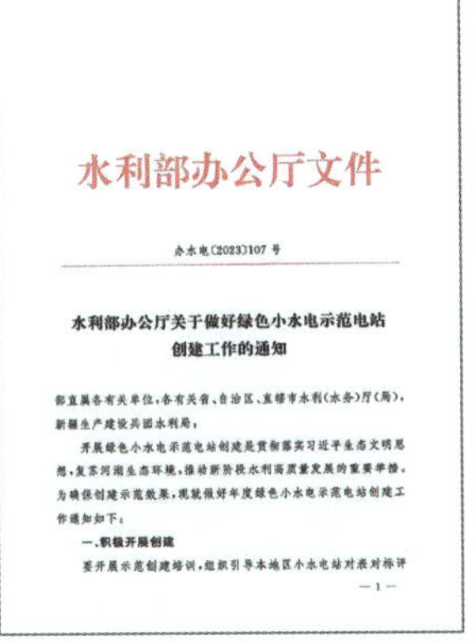

水利部办公厅文件

办水电〔2023〕107 号

水利部办公厅关于做好绿色小水电示范电站创建工作的通知

部直属各有关单位，各有关省、自治区、直辖市水利（水务）厅（局），新疆生产建设兵团水利局：

开展绿色小水电示范电站创建是贯彻落实习近平生态文明思想，复苏河湖生态环境，推动新阶段水利高质量发展的重要举措。为确保创建示范效果，现就做好年度绿色小水电示范电站创建工作通知如下：

一、积极开展创建

要开展示范创建培训，组织引导本地区小水电站对表对标评

— 1 —

绿色小水电评价指标体系

评价类别	评价要素	评价指标
A1 生态环境（55 分）	B01 水文情势（15 分）	C01 生态需水保障情况（15 分）
	B02 河流形态（5 分）	C02 河道形态影响情况（3 分）
		C03 输沙影响情况（2 分）
	B03 水质（5 分）	C04 水质变化程度（5 分）
	B04 水生及陆生生态（10 分）	C05 水生保护物种影响情况（6 分）
		C06 陆生保护生物生境影响情况（4 分）
	B05 景观（10 分）	C07 景观恢复度（5 分）
		C08 景观协调性（5 分）
	B06 减排（10 分）	C09 替代效应（5 分）
		C10 减排效率（5 分）
A2 社会（18 分）	B07 移民（6 分）	C11 移民安置落实情况（6 分）
	B08 利益共享（8 分）	C12 公共设施改善情况（4 分）
		C13 民生保障情况（4 分）
	B09 综合利用（4 分）	C14 水资源综合利用情况（4 分）
A3 管理（18 分）	B10 生产及运行管理（6 分）	C15 安全生产标准化建设情况（6 分）
	B11 保障机制（8 分）	C16 制度建设及执行情况（4 分）
		C17 设施建设及运行情况（4 分）
	B12 技术进步（4 分）	C18 设备性能及自动化程度（4 分）
A4 经济（9 分）	B13 财务稳定性（6 分）	C19 盈利能力（3 分）
		C20 偿债能力（3 分）
	B14 区域经济贡献（3 分）	C21 社会贡献率（3 分）

下党水电站

下党水电站坐落于福建省宁德市寿宁县下党乡，位于交溪流域支流上党溪上，1989 年 8 月 3 日动工，1991 年 12 月首台装机容量 250 千瓦的水轮发电机组利用现有的拦河坝正式投产发电，同时建设完成了下党第一条 10 千伏输电线路。电站水库于 1992 年 3 月建成并投入运行，为小（2）型水库，库容 15.23 万立方米。2003 年和 2015 年下党水电站两次进行技改扩容，电站装机容量增加到 1850 千瓦，多年平均年发电量 560 万千瓦时。2020 年，下党水电站被评为绿色小水电示范电站。

1989 年，时任宁德地委书记习近平同志视察下党乡时，对下党人民自力更生、艰苦奋斗，发扬滴水穿石精神建设通天渠的创举给予充分肯定，并决定支持下党乡建设自己的水电站。水电站建成后，解决了下党乡人民群众生产生活长期用电难的问题。下党百姓家里亮起了电灯，告别了用竹篾、松脂照明的历史。

2019 年 8 月，习近平总书记给下党乡群众回信，信中表示，经过 30 年的不懈奋斗，下党天堑变通途、旧貌换新颜，乡亲们有了越来越多的幸福感、获得感，这生动印证了“弱鸟先飞、滴水穿石”的道理。

下党水电站

下党水电站水库全景

下党水电站厂房外观

1 星期四 THU
廿二

2 星期五 FRI
廿三

3 4 星期六 / 日 SAT / SUN
廿四 廿五

5 星期一 MON
廿六

6 星期二 TUE
廿七

7 星期三 WED
廿八

8 星期四 THU
廿九

9 星期五 FRI
三十
除夕

10 11 星期六 / 日 SAT / SUN
初一 初二
春节

12 星期一 MON
初三

13 星期二 TUE
初四

14 星期三 WED
初五

15 星期四 THU
初六

16 星期五 FRI
初七

17 18 星期六 / 日 SAT / SUN
初八 初九

2024年 2月

19 初十 星期一 MON

20 十一 星期二 TUE

21 十二 星期三 WED

22 十三 星期四 THU

23 十四 星期五 FRI

24 十五 25 十六 星期六 / 日 SAT / SUN

26 十七 星期一 MON

27 十八 星期二 TUE

28 十九 星期三 WED

29 二十 星期四 THU

下党水电站生产车间

“抓一只能下蛋的鸡”

“下党有水力资源，咱们自己建个电站，等于抓了一只能下蛋的鸡。”

于1988年建乡的福建省宁德市寿宁县下党乡，曾是闻名闽东的四个特困乡之一。当年，这里是一个“无公路、无自来水、无电灯照明、无财政收入、无政府办公场所”的“五无”乡镇。

20世纪70年代初，下党村民投工投劳建起了装机容量12千瓦的微型电站。当年，由于没有公路，压力管道无法运进来，村里就组织石匠，用大石头凿成压力管道“通天渠”，但无水库，只能靠下雨才能发电，白天偶尔碾米，夜晚照明1小时左右，所发电量根本无法满足群众生产生活需要。

1989年7月19日，时任宁德地委书记的习近平同志，带领地直相关单位负责同志，到下党乡现场办公。习近平同志指出，“下党有水力资源，咱们自己建个电站，等于抓了一只能下蛋的鸡。”

1991年1月，下党第一条公路建成通车。12月，一座装机容量250千瓦的水电站建成。从此，下党乡水电发展开启了新的历史征程。

2016年，“通天渠”被列入福建省首批水利文化遗产。

——摘编自《习近平扶贫故事》

下党水电站旁的鸾峰桥（建于清嘉庆年间）

钦寸水库水电站

钦寸水库水电站坐落于浙江省绍兴市新昌县境内，位于曹娥江支流黄泽江中段，电站总装机容量 2750 千瓦，自 2017 年 7 月投入运行以来，电站累计发电量达 6246 万千瓦时，2021 年被评为绿色小水电示范电站。

钦寸水库总库容 2.44 亿立方米，是一座以供水、防洪为主，兼顾灌溉和发电等综合利用的大 (2) 型水库。水库于 2009 年 2 月开工建设，2017 年 3 月下闸蓄水，2020 年 6 月正式向宁波市供水，每年可向宁波市供应 1.26 亿立方米优质原水。

钦寸水库库周有近 4 万亩山林，采取了多项库区水源涵养、水土流失及生态修复综合治理措施，为库区生态环境改善、野生动物生存、植物群落的恢复和重建提供了坚强保障。通过加强水源地保护执法，库区农田采用有机肥和节水灌溉技术，流域农村生活污水及农业面源污染大幅减少，极大改善了水库水质，确保了水库水质保持在 II 类以上。

“借问剡中道，东南指越乡。舟从广陵去，水入会稽长。竹色溪下绿，荷花镜里香。辞君向天姥，拂石卧秋霜。”1000 多年前，“诗仙”李白在“浙东唐诗之路”上给世人留下美好遐想；今天，蓝天白云、青山环绕下的钦寸水库，大坝耸立，雄伟壮阔，一个以水库为纽带，依江伴水的休闲观光带已逐渐形成，成为两岸居民的慢生活中心和水上休闲中心。

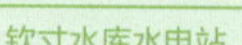

钦寸水库水电站

钦寸水库水电站大坝全景

钦寸水库水电站厂房外景

钦寸水库水电站厂房内景

1 星期五 FRI
廿一

2 3 星期六 / 日 SAT / SUN
廿二 廿三

4 星期一 MON
廿四

11 星期一 MON
初二

5 星期二 TUE
廿五
惊蛰

12 星期二 TUE
初三
植树节

6 星期三 WED
廿六

13 星期三 WED
初四

7 星期四 THU
廿七

14 星期四 THU
初五

8 星期五 FRI
廿八
妇女节

15 星期五 FRI
初六

9 10 星期六 / 日 SAT / SUN
廿九 二月

16 17 星期六 / 日 SAT / SUN
初七 初八

2024年 3月

18 星期一 MON
初九

25 星期一 MON
十六

19 星期二 TUE
初十

26 星期二 TUE
十七

20 星期三 WED
十一
春分

27 星期三 WED
十八

21 星期四 THU
十二

28 星期四 THU
十九

22 星期五 FRI
十三
世界水日

29 星期五 FRI
二十

23 24 星期六 / 日 SAT / SUN
十四 十五

30 31 星期六 / 日 SAT / SUN
廿一 廿二

浙东唐诗之路

“浙东唐诗之路”是指古代剡中一条唐代诗人往来频繁、对唐诗发展有重大影响的古代旅游风景线。它始自钱塘江边的西兴渡口，经萧山到鉴湖，沿浙东运河至曹娥江，然后沿江而行入嵊州剡溪，经天姥山，最后抵达天台石梁飞瀑，全长近 200 公里。

据考证，《全唐诗》收录的 2200 余位诗人中，有 451 位诗人游览过“浙东唐诗之路”风景线，包括“诗仙”李白，“诗圣”杜甫，“初唐四杰”中的卢照邻、骆宾王，“饮中八仙”中的贺知章、崔宗之，“中唐三俊”的元稹、李绅、李德裕，“晚唐三罗”的罗隐、罗邺、罗虬，以及崔颢、王维、贾岛、杜牧等，为后人留下了一条山水人文结合、景观文化相映的“浙东唐诗之路”，共有 1500 余篇诗稿流传后世。

钦寸水库库区鸟瞰图

钦寸水库大坝

钦寸水库库区“钦寸源”共富稻田

佛子岭水电站

佛子岭水电站坐落于安徽省六安市霍山县境内，位于淮河一级支流淠河东源上游，拥有新中国第一台 1000 千瓦水轮发电机组。2019 年电站升级改造后，总装机容量 42900 千瓦，2020 年被评为绿色小水电示范电站。

佛子岭水库是新中国为治理淮河而修建的第一个骨干工程，1952 年 1 月动工，1954 年 11 月竣工。佛子岭水库与磨子潭、白莲崖两座水库“品”字形串缀在东淠河上，总库容 4.91 亿立方米，是以防洪、灌溉为主，兼有城镇供水、发电等综合利用的大 (2) 型水利水电枢纽工程。

佛子岭水库大坝享有“新中国第一坝”的美誉。这座最大坝高 75.9 米、全长 510 米的水利枢纽，犹如钢铁巨龙横亘在淠河之上。坝垛上“一定要把淮河修好”八个红色大字格外引人注目。当年毛泽东主席发出的伟大号召，已成为激励一代又一代佛子岭人赓续治淮精神、笃行绿色发展的不竭力量。

佛子岭水库是全国重点文物保护单位、国家水利风景区、国家 AAAA 级旅游景区。从 20 世纪 50 年代至今，电站数十年如一日，始终从保护环境、维护旅游生态景观的大局出发，全力做到生态优先、绿色发展。

佛子岭水电站

1 星期一 MON
廿三

2 星期二 TUE
廿四

3 星期三 WED
廿五

4 星期四 THU
廿六

5 星期五 FRI
廿七

6 7 星期六 / 日 SAT / SUN
廿八 廿九

8 星期一 MON
三十

15 星期一 MON
初七

9 星期二 TUE
三月

16 星期二 TUE
初八

10 星期三 WED
初二

17 星期三 WED
初九

11 星期四 THU
初三

18 星期四 THU
初十

12 星期五 FRI
初四

19 星期五 FRI
十一
谷雨

13 初五 14 初六 星期六 / 日 SAT / SUN

20 十二 21 十三 星期六 / 日 SAT / SUN

22 星期一 MON
十四

23 星期二 TUE
十五

24 星期三 WED
十六

25 星期四 THU
十七

26 星期五 FRI
十八

27 28 星期六 / 日 SAT / SUN
十九 二十

29 星期一 MON
廿一

30 星期二 TUE
廿二

佛子岭水电站大坝

大坝坝垛上的“一定要把淮河修好”

佛子岭水电站厂房内景

佛子岭水电站集控中心

佛子岭水电站灌溉区

佛子岭水电站周边生态环境

红色霍山

千里大别山，主峰在霍山。霍山是中国革命的重要策源地，是人民军队的重要发源地。新民主主义革命时期，霍山创造了“四个安徽第一”的红色革命史。1929 年 5 月，发动了安徽第一次民团起义——诸佛庵民团起义；1930 年 1 月，组建了安徽第一支正规红军——中国工农红军第 11 军第 33 师；1930 年 4 月 12 日，成立了安徽第一个县级苏维埃政府——霍山县苏维埃政府；1930 年 4 月底，成为了安徽第一个全境红色政权县；1931 年 2 月 23 日，中共安徽省委向中央报告，“全省规定四个中心县，红色区域以霍山为中心县”。

红色皖西大地至今仍在传颂霍山“三个 5 万多”的无私奉献史。革命时期，5 万多霍山儿女为民族独立、人民解放献出宝贵生命；新中国成立后，为建设佛子岭、磨子潭、白莲崖三大水库，5 万多霍山儿女成为库区移民，5 万多亩耕地良田被淹没。

满台城水电站

满台城水电站坐落于吉林省延边朝鲜族自治州汪清县境内，位于图们江支流嘎呀河中下游，距离汪清县城25公里，距图们市 27.5 公里。

满台城水电站是国务院批准的全国第二批农村水电初级电气化县的骨干工程，是“八五”期间国家重点扶贫项目，于 1991 年开工建设，1998 年发电运营，2023 年被评为绿色小水电示范电站。

该电站发电方式为引水式，引水隧洞长 2483 米，水库大坝长 337 米，坝高 37 米，正常蓄水位 165 米，总库容 9990 万立方米。电站共有 4 台发电机组，总装机容量 24900 千瓦，多年平均年发电量 7100 万千瓦时，自投产发电以来累计实现上网电量 17 亿千瓦时，为地方经济的发展做出了巨大贡献。

满台城水电站以发电为主，兼顾城市供水、改善河道环境条件及养殖和旅游开发等综合利用功能。电站在施工建造时充分考虑环境保护要求，建成后周围植被恢复良好，正常蓄水后库区形成了 17 公里的天然亲水走廊，加上库区气候温和，四季分明，水质清澈明亮，两岸奇峰巍峻、山水相间、碧波荡漾、林木茂盛，自然生态条件十分优越，是野营、户外旅游佳地。

满台城水电站

满台城水电站库区全景

1 星期三 WED
廿三
劳动节

2 星期四 THU
廿四

3 星期五 FRI
廿五

4 5 星期六 / 日 SAT / SUN
廿六 廿七
青年节
立夏

6 星期一 MON
廿八

7 星期二 TUE
廿九

8 星期三 WED
四月

9 星期四 THU
初二

10 星期五 FRI
初三

11 12 星期六 / 日 SAT / SUN
初四 初五

13 星期一 MON
初六

14 星期二 TUE
初七

15 星期三 WED
初八

16 星期四 THU
初九

17 星期五 FRI
初十

18 19 星期六 / 日 SAT / SUN
十一 十二

2024年 5月

20 十三 星期一 MON

小满

21 十四 星期二 TUE

22 十五 星期三 WED

23 十六 星期四 THU

24 十七 星期五 FRI

25 十八 26 十九 星期六 / 日 SAT / SUN

27 二十 星期一 MON

28 廿一 星期二 TUE

29 廿二 星期三 WED

30 廿三 星期四 THU

31 廿四 星期五 FRI

满台城水电站厂房外观

满台城水电站厂房内景

满台城水电站职工文化活动

满天星国家森林公园

满天星国家森林公园位于吉林省延边朝鲜族自治州汪清县境内，距汪清县城 30 公里，总占地面积 120 平方公里，其中林地面积 13980 公顷，包括乔木、亚乔木、灌木及攀援植物、草本植物、蕨类、真菌类等。核心区面积 56.7 平方公里，景区内的天星湖即为满台城水库库区，长 18 公里，最宽处 3.5 公里，最窄处 1.5 公里，湖面面积 8.86 平方公里。湖幽水静、林奇兽异，良好的生态环境中，栖息着鹤、鹳、鸳鸯、野鸭等多种珍稀水禽。公园始建于 1993 年，1998 年被吉林省政府批准为省级风景名胜区，2004 年被国家林业局批准为国家级森林公园，2008 年被国家旅游局批准为国家 AAA 级旅游景区。公园内自然资源丰富，森林覆盖率达到 96%，具有“水旷、山幽、雪佳、林秀”的特点。

满天星国家森林公园

下会坑水电站

下会坑水电站坐落于江西省上饶市广信区花厅镇境内，位于信江二级支流花厅水中游，是一座以发电、灌溉、防洪为主要功能的中型水库电站，主体工程分为水库拦水大坝、发电引水隧洞、发电厂房三部分，为高水头引水式发电站，2021 年被评为绿色小水电示范电站，2023 年被水利部评为安全生产标准化一级单位。

水库坝址以上控制流域面积 106.7 平方公里，水库总库容 3505 万立方米，正常高水位 422 米，设计洪水位 423.1 米，电站总装机容量 18820 千瓦，设计平均年发电量 6022 万千瓦时，有压隧洞长 4756 米，直径 2.4 ~ 3.1 米，有效灌溉面积 3.06 万亩。

下会坑水电站通过开展流域生态综合整治、安装生态机组、建设生态堰坝和正常泄放生态流量等方式，实现了生态环境与生态效益、群众满意度、乡村振兴“造血功能”三个提升。通过实施水利工程标准化建设、农村水电增效扩容改造和小水电清理整改，下会坑水电站已经走上了绿色生态常态化、安全管理标准化、数智集约物业化的“三化”绿色水电站发展轨道。

下会坑水电站

下会坑水电站大坝

下会坑水电站库区

下会坑水电站厂房外景

下会坑水电站厂房内景

1　2　星期六 / 日　SAT / SUN

廿五　廿六

儿童节

3 星期一 MON
廿七

4 星期二 TUE
廿八

5 星期三 WED
廿九
芒种

6 星期四 THU
五月

7 星期五 FRI
初二

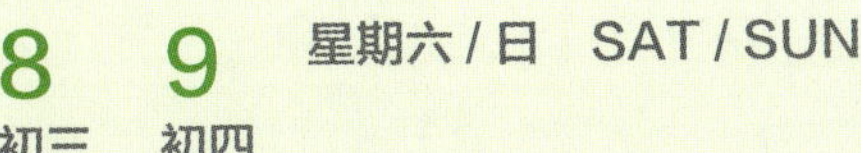
8 9 星期六 / 日 SAT / SUN
初三 初四

10 星期一 MON
初五
端午节

11 星期二 TUE
初六

12 星期三 WED
初七

13 星期四 THU
初八

14 星期五 FRI
初九

15 16 星期六 / 日 SAT / SUN
初十 十一

2024年 6月

2024年 6月

17 十二 星期一 MON

18 十三 星期二 TUE

19 十四 星期三 WED

20 十五 星期四 THU

21 十六 星期五 FRI

夏至

22 十七 23 十八 星期六/日 SAT / SUN

24 十九 星期一 MON

25 二十 星期二 TUE

26 廿一 星期三 WED

27 廿二 星期四 THU

28 廿三 星期五 FRI

29 廿四 30 廿五 星期六/日 SAT / SUN

下会坑水电站下游河道

江西省庐山水电厂

这是一座特别的水电站：它偏居石门涧溪，却久负盛名，郭沫若亲自为水库大坝题字；它的规模不大，却见证了中华人民共和国水利建设的风风雨雨，说它是中国水电的“活化石”，一点也不为过。

这就是庐山水电厂。

20世纪50年代，由长江水利委员会勘查并初定开发方案，北京水电勘测设计局进行了初步设计，经中央第三机械工业部批准建设，于1958年竣工，为三级引水式梯级电站。庐山水电厂经过近70年的发展，经历了将军河水库除险加固、增效扩容改造和棚户区改造，现总装机容量8920千瓦。

庐山水电厂历经70年风雨，从计划经济进入到市场经济，在防洪、发电、灌溉、交通及旅游等方面发挥了巨大的经济效益、社会效益和生态效益。如今，它已不只是一座水电站，更是人文圣山庐山厚重历史文化的精彩一页。

庐山水电厂大门

庐山水电厂拦河坝

猴子包水电站

猴子包水电站坐落于湖北省宜昌市兴山县南阳镇白竹村境内，引用香溪河流域水源。电站 1975 年开工建设，1978 年首台机组投产发电，1980 年全部机组投产发电，2015 年进行增效扩容改造，总装机容量增加到 10700 千瓦，共 5 台机组（3×2500 千瓦 +2×1600 千瓦），多年平均年发电量 4368 万千瓦时，累计发电量达 20.16 亿千瓦时。电站于 2016 年 7 月完成安全生产标准化三级达标，2020 年被评为绿色小水电示范电站。

猴子包水电站是兴山举全县之力修建的第一座装机容量较大的电站，由于缺乏资金、技术人员和设备，电站修建过程异常艰难，兴山人民发扬“睡棒棒床，吃洋芋果，凑分分钱”的精神，历经三年时间才将电站建成投运。也正是有了这种艰苦奋斗的精神激励，兴山的水电事业后来才得以蓬勃发展，一举成为全国水电明星县。

电站坚持走绿色发展之路，有效地保障了下游河道生态需水，坝址以下河道水质、水生及陆生生态良好，下游河道水量充足、山水相映、溪水落涧，形成美好的生态画卷。

猴子包水电站

1 星期一 MON
廿六
建党节

2 星期二 TUE
廿七

3 星期三 WED
廿八

4 星期四 THU
廿九

5 星期五 FRI
三十

6 7 星期六 / 日 SAT / SUN
六月 初二

8 星期一 MON
初三

9 星期二 TUE
初四

10 星期三 WED
初五

11 星期四 THU
初六

12 星期五 FRI
初七

13 14 星期六 / 日 SAT / SUN
初八 初九

15 星期一 MON
初十

16 星期二 TUE
十一

17 星期三 WED
十二

18 星期四 THU
十三

19 星期五 FRI
十四

20 21 星期六 / 日 SAT / SUN
十五 十六

2024年 7月

22 星期一 MON
十七
大暑

23 星期二 TUE
十八

24 星期三 WED
十九

25 星期四 THU
二十

26 星期五 FRI
廿一

27 28 星期六 / 日 SAT / SUN
廿二 廿三

29 星期一 MON
廿四

30 星期二 TUE
廿五

31 星期三 WED
廿六

猴子包水电站全景

猴子包水电站厂房内景

猴子包精神

湖北省宜昌市兴山县地处鄂西山区，交通不畅，发展落后。1975 年兴山县县委、县政府在极其艰苦的环境下决心启动猴子包水电站建设。电站的修建发扬了艰苦奋斗的精神。在荒无人烟、地势窄小的峡谷中，没有住的地方，只有一个几百米长的天然岩屋，所有民工都住在岩屋。没有吃的，民工们就从家里带口粮，每顿饭菜都是炒洋芋、煮洋芋果果、蒸玉米面饭。没有睡的，则就地取材，上山砍树改为木板，有的直接把细树枝绑扎在一起做成床，放在岩屋中睡。因资金不足，工程数度停工，县委、县政府发动全县人民共同努力，连中小学生都来一起凑“分分钱”支持建设。不同于普通水电站，猴子包水电站全为暗渠引水，修建过程中必须凿穿几十米深的岩石。工地上没有任何机械设备，全靠人工用钢钎大锤开山凿石，用木板车运走渣石，用扁担、背篓肩挑背驮运输所有物料。

电站苦修三年，终成正果。总装机容量 8200 千瓦的猴子包水电站终于在 1978 年建成投运，兴山老县城一下子“亮”了起来。猴子包水电站不仅记录了兴山县小水电发展的历史，也是兴山县人民顽强拼搏、改变贫穷落后面貌的见证。猴子包水电站不再是单纯的工程，它已成为兴山人民艰苦奋斗、自力更生精神的象征，这种精神被后人总结为“猴子包精神”。2020 年，猴子包水电站被湖北省水利厅推选为水利红色资源基地。

没有现代化机械，只有手工操作

隧洞掘进中

工程建设中简陋的居住环境

猴子包水电站红色教育文化墙

欧阳海水电站

欧阳海水电站坐落于湖南省郴州市桂阳县境内，位于湘江一级支流春陵水中下游大滩峡谷，是欧阳海灌区枢纽工程的重要组成部分，属坝后引水式电站，2021年被评为绿色小水电示范电站。

欧阳海水库控制流域面积5409平方公里，总库容4.24亿立方米，属不完全季调节水库。电站于1970年动工兴建，总装机容量36000千瓦，设计年发电量1.99亿千瓦时。1975年8月，电站1号机组正式并网运行；1978年，3台机组全部投产发电；1984年，安装完成我国第一台微机调速器。2016年完成增效扩容改造后，电站总装机容量提高到42600千瓦，设计年发电量提高到2.24亿千瓦时。

欧阳海灌区工程是一座以灌溉为主，兼顾防洪、发电等综合利用的大（2）型水利枢纽工程，设计灌溉耒阳市、衡南县、常宁市、珠晖区72.74万亩农田，受益总人口156万，为湖南省第三大灌区。灌区原名湖溪桥灌区，枢纽工程位于欧阳海的家乡桂阳县境内，灌区受益的耒阳市是欧阳海生前服役部队的驻地，为永志纪念欧阳海的英雄事迹，经中央军委批准，1966年，湖南省委决定将湖溪桥灌区更名为欧阳海灌区。

欧阳海水电站

欧阳海水电站库区

欧阳海水电站大坝

1 星期四 THU
廿七
建军节

2 星期五 FRI
廿八

3 4 星期六 / 日 SAT / SUN
廿九 七月

2024年 8月

5 星期一 MON
初二

6 星期二 TUE
初三

7 星期三 WED
初四
立秋

8 星期四 THU
初五

9 星期五 FRI
初六

10 11 星期六 / 日 SAT / SUN
七夕 初八

12 星期一 MON
初九

13 星期二 TUE
初十

14 星期三 WED
十一

15 星期四 THU
十二

16 星期五 FRI
十三

17 18 星期六 / 日 SAT / SUN
十四 十五

2024年 8月

19 十六 星期一 MON

20 十七 星期二 TUE

21 十八 星期三 WED

22 十九 星期四 THU

处暑

23 二十 星期五 FRI

24 廿一 25 廿二 星期六 / 日 SAT / SUN

26 廿三 星期一 MON

27 廿四 星期二 TUE

28 廿五 星期三 WED

29 廿六 星期四 THU

30 廿七 星期五 FRI

31 廿八 星期六 SAT

欧阳海水电站内景

欧阳海水电站集控中心

欧阳海水电站生活区

欧阳海水电站周边环境

英雄欧阳海

欧阳海，湖南桂阳人，1959 年 1 月入伍。1963 年 11 月，他所在部队野营训练经过衡东县火车站附近时，一列客车鸣着长笛飞奔而来，一匹战马受惊挣脱缰绳，驮着炮架窜上铁路。在列车与脱缰战马即将相撞的危急时刻，欧阳海奋不顾身推开了战马，避免了列车出轨，保护了 500 多名旅客的安全，自己却壮烈牺牲。欧阳海被原广州军区授予“爱民模范”荣誉称号，追记一等功，2009 年当选“100 位新中国成立以来感动中国人物”。

欧阳海烈士纪念雕塑

欧阳海烈士纪念碑

欧阳海烈士纪念馆

欧阳海故居

黄龙带水库水电站

黄龙带水库水电站坐落于广东省广州市从化区良口镇境内，位于流溪河支流汾田水上，由一级电站、二级电站两座梯级电站组成，总装机容量 8800 千瓦，2021 年两座电站均被评为绿色小水电示范电站，2022 年被评为农村水电站安全生产标准化一级达标单位。

黄龙带水库于 1972 年 12 月动工兴建，1975 年 11 月竣工，大坝为浆砌石重力坝，坝长 181.9 米，坝高 61.3 米。水库正常蓄水位 175.01 米，兴利库容 8049 万立方米，总库容 9097 万立方米，具有多年调节性能，是一座具有防洪、灌溉、发电等综合利用功能的水库。

黄龙带水库一级电站装机容量 2400 千瓦，设计年发电量 684 万千瓦时，于 1977 年建成投产；二级电站装机容量 6400 千瓦，设计年发电量 1446 万千瓦时，于 1979 年建成投产。自建成以来，电站累计发电量达 8.2 亿千瓦时。

2019 年以来，黄龙带水库水质稳定保持在 II 类与 I 类之间，优于功能用水要求，水环境治理成效显著，4.8 平方公里的水库水面，碧波荡漾、鱼翔浅底，库区水清岸绿、水草丰美、白鹭成群，极大地提升了周边人民群众的获得感、幸福感和安全感。

黄龙带水库一级电站

黄龙带水库二级电站

黄龙带水库库区

黄龙带水库大坝

二级电站下游河道生态环境

1 星期日 SUN

廿九

2 星期一 MON
三十

3 星期二 TUE
八月
抗战胜利纪念日

4 星期三 WED
初二

5 星期四 THU
初三

6 星期五 FRI
初四

7 8 星期六 / 日 SAT / SUN
初五 初六
白露

9 星期一 MON
初七

10 星期二 TUE
初八
教师节

11 星期三 WED
初九

12 星期四 THU
初十

13 星期五 FRI
十一

14 15 星期六 / 日 SAT / SUN
十二 十三

16 星期一 MON
十四

17 星期二 TUE
十五
中秋节

18 星期三 WED
十六
“九一八”纪念日

19 星期四 THU
十七

20 星期五 FRI
十八

21 22 星期六 / 日 SAT / SUN
十九 二十
秋分

23 星期一 MON
廿一

24 星期二 TUE
廿二

25 星期三 WED
廿三

26 星期四 THU
廿四

27 星期五 FRI
廿五

28 29 星期六 / 日 SAT / SUN
廿六 廿七

厂房内景

黄龙带水库一级电站

黄龙带水库二级电站

黄龙带水库组织生态放流活动

那岸水电站

那岸水电站位于广西壮族自治区崇左市大新县雷平镇那岸村，为黑水河流域第一个梯级电站。2021 年被评为绿色小水电示范电站。

那岸水库总库容 2915 万立方米，控制流域面积 3180 平方公里，正常蓄水位 217 米、设计洪水位 224 米、尾水位 180 米。那岸水电站始建于 1969 年，1974 年第一台机组运行发电，1979 年四台机组全部投产发电，装机容量为 12800 千瓦，是当时大新县容量最大、发电最多的一座水电站，多年平均年发电量 6800 万千瓦时。2015 年电站完成增效扩容改造，装机容量增加到 16000 千瓦，年平均发电量增加到 9600 万千瓦时。

电站投产发电让当地村民告别了点煤油灯的历史，村民从此摆脱了上山砍柴烧火的生活模式。电站还为下游 17 个村屯提供生产生活水源，灌溉下游农田 2.2 万亩，为粮食丰收提供了水利保障。源源不断的清洁能源点亮了大新县的美丽乡村，大新县 1986 年获得“全国第一批电气化示范县”称号。

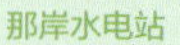

那岸水电站

那岸水电站大坝

1 星期二 TUE
廿九
国庆节

2 星期三 WED
三十

3 星期四 THU
九月

4 星期五 FRI
初二

5 初三 6 初四 星期六 / 日 SAT / SUN

7 初五 星期一 MON

8 初六 星期二 TUE

寒露

9 初七 星期三 WED

10 初八 星期四 THU

11 初九 星期五 FRI

重阳节

12 初十 13 十一 星期六 / 日 SAT / SUN

14 十二 星期一 MON

15 十三 星期二 TUE

16 十四 星期三 WED

17 十五 星期四 THU

18 十六 星期五 FRI

19 十七 20 十八 星期六 / 日 SAT / SUN

2024年 10月

21 星期一 MON
十九

22 星期二 TUE
二十

23 星期三 WED
廿一
霜降

24 星期四 THU
廿二

25 星期五 FRI
廿三

26 27 星期六 / 日 SAT / SUN
廿四 廿五

28 星期一 MON
廿六

29 星期二 TUE
廿七

30 星期三 WED
廿八

31 星期四 THU
廿九

那岸水电站库区

那岸水电站厂房内景

那岸水电站厂房外景

那岸水电站库区下游环境

中国大陆第一座水电站——石龙坝水电站

在云南省昆明市西山区海口街道螳螂川上游，有一座外形并不起眼的小水电站。这是中国大陆第一座水电站——石龙坝水电站，它拉开了中国人民利用水能资源的序幕，它经历了革命年代的烽火硝烟，曾被日军四次轰炸。如今，已经100多岁的它仍在发电，这里也成了传承红色基因的打卡地。

1912年4月12日，两台240千瓦水轮发电机组建成发电，石龙坝水电站由此诞生。电站建成初期定名为“商办耀龙电灯股份有限公司”，用22千伏输电线路向昆明市供电。

这个电站是中国最早进行全球招标的股份制企业之一，是中国人民引进国外先进技术和设备，利用水能资源自主开发、管理和使用的成功范例，也是云南省的第一家民族工业企业。

石龙坝水电站的建设实现了中国人将水能变为工业电能的梦想，成为中国近代水电事业的鼻祖。中国水电建设从这里起步，一步步走向世界之巅。

鱼跳电站

鱼跳电站坐落于重庆市南川区骑龙镇境内，位于乌江水系一级支流大溪河中游。鱼跳电站修建于 20 世纪 90 年代，投产于 2001 年，装机容量 49900 千瓦，设计年发电量 2.13 亿千瓦时，主要承担重庆市南川区电网的调峰、调频任务，是大溪河流域的龙头电站，2022 年被评为绿色小水电示范电站。

电站大坝坝体为面板堆石坝，坝顶高程 472 米，坝顶长度 223.75 米，总库容 9520 万立方米，水库正常蓄水位 467.00 米，设计水位 465.11 米。

鱼跳电站地处涪陵、武隆与南川三区交界之地，通过电站 35 千伏输电线路，有力保障了骑龙、中桥等偏远村镇电力稳定。鱼跳电站自 2001 年 5 月投产发电至今已安全运行 20 多年，累计发电 37 亿千瓦时，年均发电量 1.68 亿千瓦时，每年可替代标准煤 3 万吨，减排二氧化碳 8.16 万吨、二氧化硫 255 吨，为地区经济社会高质量发展提供了绿色能源保障。

通过系统治理，鱼跳电站水库库区环境和水质得到改善，呈现出河畅、水清、岸绿、景美的景象。大溪河出境断面水质提前达到重庆市规定的 III 类水质目标，2019 年获得“重庆市最美河流”称号。

鱼跳电站

鱼跳电站大坝

鱼跳电站库区

鱼跳电站厂房内景

1 星期五 FRI
十月

2 初二 **3** 初三 星期六 / 日 SAT / SUN

4 星期一 MON
初四

5 星期二 TUE
初五

6 星期三 WED
初六

7 星期四 THU
初七
立冬

8 星期五 FRI
初八

9 10 星期六 / 日 SAT / SUN
初九 初十

11 星期一 MON
十一

12 星期二 TUE
十二

13 星期三 WED
十三

14 星期四 THU
十四

15 星期五 FRI
十五

16 17 星期六 / 日 SAT / SUN
十六 十七

2024年 11月

18 十八 星期一 MON

19 十九 星期二 TUE

20 二十 星期三 WED

21 廿一 星期四 THU

22 廿二 星期五 FRI

小雪

23 廿三 24 廿四 星期六 / 日 SAT / SUN

25 廿五 星期一 MON

26 廿六 星期二 TUE

27 廿七 星期三 WED

28 廿八 星期四 THU

29 廿九 星期五 FRI

30 三十 星期六 /SAT

鱼跳电站生态机组泄水口

鱼跳电站周边环境

鱼跳电站库区正阳桥（建于清同治年间）

拥有“五个第一”的古田溪水电站

素有“北丰满，南古田”之称的古田溪水电站，是我国自行设计、施工、安装的水电工程，自诞生之日起就被冠以“五个第一”：国家第一个五年计划重点工程，新中国成立后最早开发的梯级电站，我国第一座地下式厂房，首座混合式拦河大坝，当时国内水电系统最长的引水隧洞。电站主体工程于 1951 年 3 月开工，1956 年 3 月第一台机组发电，1973 年 12 月四级电站 12 台机组全部投产。2021 年 11 月，古田溪水电厂被列入第五批国家工业遗产名单。

古田溪水电站开发建设前后历经 20 多年，是中国历史上建设工期最长的水电站。它不仅为我国建设梯级水电站积累了丰富经验，而且为中国和其他国家培养和输送了大批水电建设和生产技术、管理人才，被誉为“新中国水电人才的摇篮”。

石门坎水电站

石门坎水电站坐落于贵州省黔南布依族苗族自治州罗甸县境内，位于罗甸县城以西约 28 公里的蒙江干流下游急弯河段，由石门坎一厂水电站和石门坎二厂水电站组成，总装机容量 60100 千瓦，设计多年平均年发电量 2.191 亿千瓦时。石门坎一厂、二厂水电站均为引水式电站。一厂水电站于 1970 年始建，1977 年 7 月首台机组投产。二厂水电站于 2007 年 1 月开工建设，2008 年 5 月 28 日全部建成投产。2021 年，两座水电站均被评为绿色小水电示范电站。

电站枢纽由混凝土溢流坝、引水隧洞、前池、调压井、压力管道、厂房、升压开关站等构筑物组成。石门坎一厂、二厂水电站共用一个溢流坝，为重力坝，溢流堰顶高程 443.80 米，坝高 7.5 米，溢流坝段长 46 米。正常水位以下库容 7.8 万立方米，无调节性能，设有 3 条引水隧洞，右坝肩设有直径 1.2 米的生态流量泄放管，兼冲沙功能。

电站始终以“发电服从生态”的原则，保障下游生态流量泄放，保证河流水生、陆生生物自然发展，生态链保持完好。电站周边生态环境优美，库区及电站尾水水质良好，成为蒙江上的首座花园式电站。

石门坎一厂水电站

石门坎二厂水电站

石门坎二厂水电站厂房外景

石门坎水电站库区

1 星期日 SUN

十一月

2 星期一 MON
初二

3 星期二 TUE
初三

4 星期三 WED
初四

5 星期四 THU
初五

6 星期五 FRI
初六
大雪

7 8 星期六 / 日 SAT / SUN
初七 初八

9 星期一 MON
初九

10 星期二 TUE
初十

11 星期三 WED
十一

12 星期四 THU
十二

13 星期五 FRI
十三
国家公祭日

14 15 星期六 / 日 SAT / SUN
十四 十五

16 星期一 MON
十六

17 星期二 TUE
十七

18 星期三 WED
十八

19 星期四 THU
十九

20 星期五 FRI
二十

21 22 星期六 / 日 SAT / SUN
廿一 廿二

23 星期一 MON
廿三

24 星期二 TUE
廿四

25 星期三 WED
廿五
圣诞节

26 星期四 THU
廿六

27 星期五 FRI
廿七

28 29 星期六 / 日 SAT / SUN
廿八 廿九

0 星期一 MON
十

1 星期二 TUE
二月

国际小水电中心

国际小水电中心、国际小水电联合会承办
第九届今日水电论坛

国际小水电中心

国际小水电中心（International Center on Small Hydro Power，ICSHP）成立于1994年，是水利部直属事业单位，是国际小水电联合会总部机构，具备联合国工业发展组织（United Nations Industrial Development Organization，UNIDO）法定咨询地位，在印度、尼日利亚和哥伦比亚设有分中心，在中国成立了小水电流域开发、地方电网、控制技术、设备制造、技术创新、绿色发展等6个示范基地，在丽水建立了绿色水电示范区。国际小水电联合会共有来自80个国家的430多家会员（其中国外会员200多家）。

国际小水电中心先后向60多个发展中国家提供了技术咨询、可行性研究、设计、设备供应以及安装服务，成功组织编制了全球首部小水电国际标准，承担了水利系统第一个国际标准化组织技术委员会——ISO/TC339秘书处职能，持续编写、发布全球小水电发展权威资料《世界小水电发展报告》，相关工作获得中国政府、联合国机构和国际社会的高度认可，成为“一带一路”倡议下国际合作的重要成果。国际小水电中心承办的“今日水电论坛”已成为两年一届的国际水电盛会，为促进水利水电国际交流合作提供了重要平台。国际小水电中心已在国内外举办50多场国际会议和培训班，培训了来自50多个国家的1000余名学员。

2016年7月9日，联合国秘书长潘基文访问国际小水电中心，他指出，国际小水电中心是中国政府和联合国开展南南合作的成功典范，是习近平主席促进和支持的南南合作的杰出代表。潘基文秘书长为国际小水电中心题词：“小水电是重要的可再生能源。我希望国际小水电中心为世界小水电发展做出更大贡献。”

策划编辑　王　丽
责任编辑　李金玲　王晓惠

图书在版编目（CIP）数据

绿色小水电. 2024 / 国际小水电中心, 中国水利水电出版社编. -- 北京 : 中国水利水电出版社, 2023.12(2024.1重印)
ISBN 978-7-5226-1976-7

Ⅰ. ①绿… Ⅱ. ①国… ②中… Ⅲ. ①水利水电工程—无污染技术 Ⅳ. ①TV

中国国家版本馆CIP数据核字(2023)第229067号

书　　名　绿色小水电·2024
　　　　　LÜSE XIAOSHUIDIAN·2024
作　　者　国际小水电中心
　　　　　中国水利水电出版社　编
出版发行　中国水利水电出版社
　　　　　（北京市海淀区玉渊潭南路1号D座　100038）
　　　　　网址：www.waterpub.com.cn
　　　　　E-mail：sales@mwr.gov.cn
　　　　　电话：（010）68545888（营销中心）
经　　售　北京科水图书销售有限公司
　　　　　电话：（010）68545874、63202643
　　　　　全国各地新华书店和相关出版物销售网点
排　　版　中国水利水电出版社装帧出版部
印　　刷　天津嘉恒印务有限公司
规　　格　210mm×285mm　16开本　3.25印张　50千字
版　　次　2023年12月第1版　2024年1月第2次印刷
定　　价　25.00元